Strichfarbe Braun

Strichfarbe Grün 22

Strichfarbe Schwarz 28

Strichfarbe Weiß 40

Kosmos Basics

Welcher Stein ist das?

Rupert Hochleitner

KOSMOS

Wie man Mineralien bestimmt

Japaner-Zwillinge des Quarzes aus Rumänien

Die Eigenschaften der Mineralien
Um ein Mineral sicher zu bestimmen, muss man möglichst viele seiner Eigenschaften überprüfen. Das ist bei der Härte oder der Strichfarbe leicht, bei anderen ist ein großer apparativer Aufwand nötig, den der Einzelne normalerweise nicht betreiben kann. Deshalb sind in diesem Bestimmungsbuch besonders die Eigenschaften hervorgehoben, die möglichst einfach festzustellen sind, aber im Normalfall zur sicheren Bestimmung eines Minerals führen.

Die Strichfarbe Die Strichfarbe erhält man, wenn man mit dem Mineral auf einer unglasierten und daher etwas rauen Porzellantafel einen Strich zieht. Die Farbe der so erhaltenen Spur ist charakteristisch für die Mineralart. So verschiedenfarbig ein und dieselbe Mineralart auch auftreten mag, die Strichfarbe ist immer gleich.
Die Härte Je nachdem, ob ein Mineral das andere ritzt oder von ihm selbst geritzt wird, kann man alle Mineralien nach ihrer Härte ordnen. Da diese Eigenschaft für jedes Mineral charakteristisch ist, wird sie in diesem Buch neben der Strichfarbe als wichtigstes Bestimmungs- und Ordnungsmerkmal verwendet. Man kann die Härte eines zu bestimmenden Minerals am einfachsten bestimmen, wenn man es mit den Mineralien der Mohs'schen Härteskala vergleicht. Diese Skala besteht aus einer Folge von zehn Mineralien, von denen jedes alle vor ihm stehenden ritzt.
Tenazität Mit der Tenazität wird beschrieben, wie ein Mineral

Die Mohs'sche Härteskala

Härte	Mineral	
1	Talk	
2	Gips	mit dem Fingernagel ritzbar (1–2)
3	Kalkspat	mit dem Messer ritzbar (1–5)
4	Fluorit	
5	Apatit	
6	Feldspat	
7	Quarz	
8	Topas	ritzen Glas (6–10)
9	Korund	
10	Diamant	

sich beim Ritzen oder Biegen verhält. Die meisten Mineralien sind spröde, das heißt, beim Ritzen, etwa mit einer Stahlnadel, springt das Ritzpulver weg. Ist das nicht der Fall, so bezeichnet man das Mineral als milde (z.B. Bleiglanz). Kann man eine Ritzspur erzeugen, ohne dass überhaupt ein Pulver entsteht, etwa so, wie man mit dem Messer in Butter schneidet, bezeichnet man das Mineral als schneidbar (z.B. Silberglanz, Gold). Gold kann man auch zu Blättchen hämmern. Solche Mineralien bezeichnet man als duktil. Andere Mineralien wiederum sind elastisch biegsam, wie etwa die Glimmer, das heißt, man kann sie biegen und sie kehren nach dem Biegen wieder in die Ausgangsstellung zurück. Unelastisch biegsame Mineralien, wie etwa Gips, verharren dagegen nach dem Biegen in der neuen Stellung.

Farbe Auf den ersten Blick scheint die Farbe die nützlichste Eigenschaft eines Minerals zu sein. Schnell wird man aber feststellen,

Würfelige Spaltbarkeit: Links Steinsalz, rechts Bleiglanz

Verschiedenfarbige Strichproben auf einer Strichtafel

So bestimmen Sie ein Mineral

1. Prüfen Sie die Strichfarbe, damit stellen Sie fest, in welcher Abteilung des Buches Sie suchen müssen.
2. Stellen Sie die Härte fest. Damit bleiben innerhalb der Gruppe gleicher Strichfarbe nur noch wenige Mineralien übrig, um die es sich handeln könnte.
3. Prüfen Sie die weiteren im Text angegebenen Eigenschaften. Unter dem Stichwort »Ähnliche Mineralien« erfahren Sie, mit welchen Mineralien das von Ihnen favorisierte Mineral verwechselt werden könnte und welche Merkmale Ihnen bei der Unterscheidung helfen können.
4. Unter dem Stichwort Vorkommen erhalten Sie schließlich weitere interessante Informationen über Ihr Mineral.

dass das nicht der Fall ist. Zwar gibt es Mineralien, deren Farbe sehr charakteristisch ist, wie etwa der grüne Malachit oder der blaue Azurit. Ein großer Teil der Mineralien tritt aber nicht nur in einer Farbe auf, sondern kann in den verschiedensten Farbtönen gefunden werden. So kann Quarz farblos, rosa, violett, braun, schwarz oder gelb sein.

Glanz Jedes unbearbeitete Mineral hat einen ganz bestimmten, für die jeweilige Mineralart charakteristischen Glanz. Dieser Glanz ist allerdings nur schwer messbar. Man kann ihn nur im Vergleich mit Gegenständen des täglichen Lebens beschreiben.

Dichte Die Dichte oder das spezifische Gewicht ist das Gewicht eines Minerals pro Volumeneinheit (angegeben in g/cm^3). Die Dichte zu messen ist nicht einfach und bedarf präziser Geräte. Trotzdem kann man die Dichte als Bestimmungsmerkmal nützen. Durch einfaches Abwiegen in der Hand kann man feststellen, ob ein Mineral leicht (Dichte unter 2), normal (Dichte um 2,5), schwer (Dichte über 3,5) oder sehr schwer (6 oder höher) ist. Noch besser kann man dies abschätzen, wenn man ein gleich großes Stück eines Minerals mit bekannter Dichte in die andere Hand nimmt und vergleicht.

Spaltbarkeit und Bruch Zerschlägt man ein Mineral (z. B. mit dem Hammer) oder zerbricht es, so entstehen je nach Mineralart unterschiedlich aussehende Bruchflächen. Das Mineral kann ebene glatte Spaltflächen bilden oder in immer gleiche geometrische Körper zerfallen. Bleiglanz zerfällt zum Beispiel in lauter kleine Würfelchen, Kalkspat in lauter kleine Rhomboeder.

Unter dem Stichwort Bruch werden alle Trennungsflächen beschrieben, die keine Spaltflächen sind. Je nach Aussehen der

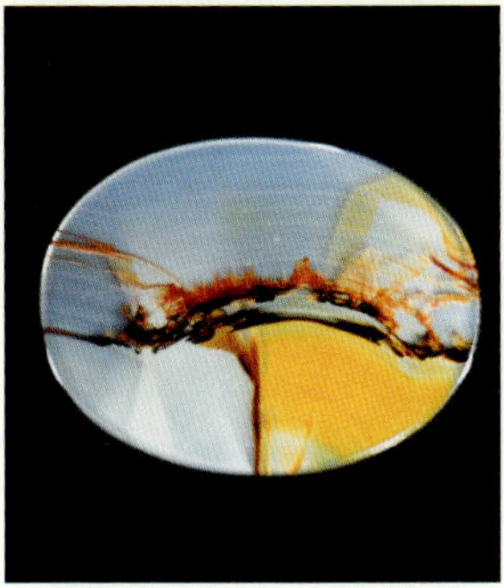

Geschliffener Landschaftsachat

Facettierter Saphir

Flächen kann der Bruch als muschelig (z. B. bei Bergkristall), spätig (z. B. bei Kalkspat), uneben (z. B. bei Feldspat) oder hakig (z. B. bei Gold) beschrieben werden.

Mineralien und Gesteine sammeln

Das Suchen von Mineralien ist ein beliebtes und weltweit verbreitetes Hobby. Wo ist das nun möglich? Prinzipiell überall dort, wo die oberste Erdschicht abgetragen oder gar nicht vorhanden ist, also wo Eingriffe in die Erdkruste stattgefunden haben. Beste Fundmöglichkeiten bieten Steinbrüche, die Abraumhalden von Bergwerken, in den Bergen auch Schutthalden und die Bachbetten von Gebirgsbächen. Die Fundmöglichkeiten sind natürlich nicht immer gleich, Auskünfte über besonders gute Fundstellen bieten zum Beispiel Fundstellenführer, die von einschlägigen Verlagen herausgegeben werden. Dazu braucht man natürlich die richtige Ausrüstung: Hammer, Meißel. Für den Anfang tun es solche aus dem Baumarkt. Spezielle Geologenhämmer gibt es im Fachhandel. Dort bekommt man auch den Schutzhelm, den man im Steinbruch oder Bergwerk immer tragen muss, und die Schutzbrille, die verhindert, dass die Augen durch herumfliegende Splitter verletzt werden.

Sammlungsschrank für Mineralien

Die Edelsteine und Mineralien

Farbe
tiefblau, derb etwas heller
Strichfarbe
blau
Glanz
Glasglanz
Spaltbarkeit
vollkommen
Bruch
muschelig
Tenazität
spröde
Kristallform
monoklin

Azurit Kupferlasur $Cu_3[OH/CO_3]_2$

Härte 3½–4 Dichte 3,7–4

Azurit bildet säulige bis tafelige Kristalle, die oft zu kugeligen Gruppen und Krusten oder radialstrahligen Aggregaten verwachsen sind. Häufig ist er auch erdig oder derb. Dichte Massen werden auch zu Schmuck verarbeitet. Begleitmineralien sind grüner Malachit, roter Cuprit und viele andere Kupferoxidationsmineralien.
Vorkommen Azurit kommt in der Oxidationszone von Kupferlagerstätten vor, insbesondere von solchen, die als Primärerz Fahlerz enthalten.
Ähnliche Mineralien Die dunkelblaue Farbe, das Brausen beim Betupfen mit Salzsäure und das Vorkommen als Verwitterungsbildung von Kupfererzen unterscheiden Azurit von anderen blauen Mineralien.

Farbe
blau
Strichfarbe
blau
Glanz
Glasglanz, auf dem Bruch Fettglanz
Spaltbarkeit
kaum erkennbar
Bruch
muschelig
Tenazität
spröde
Kristallform
kubisch

Lasurit Lapis-Lazuli $Na_8[S/(AlSiO_4)_6]$

Härte 5–6 Dichte 2,38–2,42

Lasurit bildet selten eingewachsene Kristalle in Form von Rhombendodekaedern. Viel häufiger sind derbe Massen, die mit weißem Calcit, Diopsid und goldfarbenem Pyrit verwachsen sind. Diese werden als Lapis-Lazuli bezeichnet und zu Schmuck oder kunsthandwerklichen Gegenständen verarbeitet.
Vorkommen Lasurit bzw. Lapis-Lazuli kommt nur in wenigen Lagerstätten natriumreicher Marmore auf unserer Erde vor, wird dort aber dann meist in großen Mengen gefunden.
Ähnliche Mineralien Azurit braust beim Betupfen mit verdünnter Salzsäure. Das Vorkommen zusammen mit Pyrit ist außerordentlich typisch für Lapis-Lazuli. Für Schmuckzwecke wird Lapis-Lazuli oft gefärbt. Wenn man solche Stücke mit einem in Alkohol getränkten Taschentuch abreibt, so färbt sich dieses blau.

Farbe
hellrot, dunkelrot, braunrot
Strichfarbe
rot
Glanz
Diamantglanz, feinkörnig oft matt
Spaltbarkeit
nach dem Prisma vollkommen
Bruch
splittrig
Tenazität
milde
Kristallform
trigonal

Zinnober Cinnabarit HgS

Härte 2–2½ Dichte 8,1

Zinnober bildet dicktafelige bis rhomboedrische Kristalle. Diese sind aber recht selten; meist ist er derb, körnig, erdig, strahlig. Typisch ist die intensiv rote Farbe, die auch als Zinnoberrot bekannt ist. Begleitmineralien sind Quarz, Chalcedon, Pyrit und Fluorit.

Vorkommen Zinnober findet sich in niedrig temperierten hydrothermalen Gängen, in der Oxidationszone, besonders als Verwitterungsbildung von quecksilberhaltigem Fahlerz, an Austrittsstellen von vulkanischen Gasen auf dem Nebengestein.

Ähnliche Mineralien Rote Zinkblende ist viel leichter, härter und hat eine Spaltbarkeit nach dem Rhombendodekaeder; Hämatit, Cuprit und Rutil sind deutlich härter.

Farbe
kupferrot, oft dunkler angelaufen
Strichfarbe
kupferrot, metallisch
Glanz
Metallglanz
Spaltbarkeit
keine
Bruch
hakig
Tenazität
milde, dehnbar
Kristallform
kubisch

Kupfer gediegen Cu

Härte 2½–3 Dichte 8,93

Gediegen Kupfer bildet Bleche, Drähte, Klumpen, seltener sind Kristalle, die oft verzerrt und skelettförmig miteinander verwachsen sind. Gediegen Kupfer ist oft mit grünem Malachit überzogen. Die typischen Formen lassen aber immer das ursprüngliche Kupfer erkennen. Kratzt man an einer Stelle den Malachit weg, so erkennt man sofort das frische Kupfer.

Vorkommen Gediegen Kupfer entsteht in der Zementationszone vieler Kupferlagerstätten, dort oft in großen Massen und Blechen (bis mehrere Tonnen Gewicht), seltener findet man es in Blasenhohlräumen vulkanischer Gesteine.

Ähnliche Mineralien Silber hat eine andere Farbe und einen anderen Strich, Gleiches gilt für Gold. Mit Malachit überzogenes Kupfer zeigt beim Ritzen immer seine wahre kupferrote Farbe. Nickelin hat einen andersfarbigen Strich.

Farbe
tiefrot bis braunrot
Strichfarbe
braunrot
Glanz
Metallglanz, Diamantglanz, in Aggregaten auch matt
Spaltbarkeit
nach dem Oktaeder erkennbar
Bruch
muschelig
Tenazität
spröde
Kristallform
kubisch

Cuprit Rotkupfererz, Chalkotrichit Cu_2O

Härte 3½–4 Dichte 6,1

Cuprit bildet oktaedrische, seltener würfelige Kristalle. Haarförmige Ausbildungen werden Chalkotrichit genannt. Häufigste Begleitmineralien sind gediegen Kupfer und Malachit. Oft sind Cupritkristalle und derber Cuprit oberflächlich in Malachit (siehe S. 24) umgewandelt. Die tiefrote Farbe sieht man dann erst, wenn die Stücke gebrochen sind.
Vorkommen Cuprit findet sich in der Oxidationszone von Kupferlagerstätten, insbesondere an der Grenze zur Zementationszone.
Ähnliche Mineralien Hämatit ist härter, Zinnober hat eine andere Kristallform, charakteristisch für Cuprit ist die Paragenese mit Malachit.

Farbe
derbe Aggregate (roter Glaskopf) und dünne Blättchen rot, sonst metallisch schwarzgrau, oft bunt angelaufen
Strichfarbe
rotbraun, bei geringen Titangehalten aber schwarz
Glanz
Metallglanz bis matt
Spaltbarkeit
keine, aber oft blättrig
Bruch
muschelig
Tenazität
spröde
Kristallform
trigonal

Hämatit Roteisenstein, Eisenglimmer, Blutstein Fe_2O_3

Härte 6½ Dichte 5,2–5,3

Hämatit bildet metallisch glänzende dick- bis dünntafelige Kristalle. Kugelige, nierige Aggregate mit glatter Oberfläche sehen dunkelrot aus und werden roter Glaskopf genannt. Rosettenförmige Aggregate bezeichnet man als Eisenrosen, feinblättriger silbriger Hämatit trägt auch den Namen Eisenglimmer. Begleitmineralien sind besonders Magnetit und Pyrit. Dichter Hämatit wird zu Schmuck verschliffen.
Vorkommen Mikroskopisch findet sich Hämatit in fast allen, besonders in metamorphen Gesteinen, dort gibt es auch größere Lagerstätten, die als Eisenerz abgebaut werden.
Ähnliche Mineralien Magnetit und Ilmenit haben einen schwarzen Strich. Brauner Glaskopf (Goethit) hat einen braunen Strich. Cuprit und Zinnober sind weicher. Magnetit wird im Gegensatz zu Hämatit vom Magneten angezogen.

Farbe
gold- bis messinggelb
Strichfarbe
goldgelb metallisch
Glanz
Metallglanz
Spaltbarkeit
keine
Bruch
hakig
Tenazität
milde, sehr dehnbar
Kristallform
kubisch

Gold gediegen Au

Härte 2½–3 Dichte 15,5–19,3

Gediegen Gold bildet selten verzerrte Kristalle, Oktaeder und Würfel, die oft zu skelettförmigen Aggregaten verwachsen sind. Häufiger sind Bleche, Drähte, winzige eingewachsene Flitterchen im Quarz. Rundliche abgerollte Massen, die man im Wasser findet, nennt man Nuggets. Gold lässt sich zu Blättchen hämmern und zu langen dünnen Drähten ziehen.

Vorkommen Gediegen Gold findet sich in hydrothermalen Quarz-Gängen, in Seifen in Flüssen und Bächen.

Ähnliche Mineralien Pyrit und Kupferkies haben einen schwarzen Strich und sind nicht dehnbar. Sie sind außerdem deutlich härter. Angelaufenes gediegen Silber zeigt beim Kratzen sofort seine silberweiße Farbe.

Zinkblende Sphalerit, Schalenblende ZnS

Härte 3½–4 Dichte 3,9–4,2

Farbe
gelb, braun, rot, grün, schwarz, selten farblos bis weiß
Strichfarbe
hellbraun bis braun
Glanz
halbmetallischer Diamantglanz, in dichten Aggregaten Fettglanz
Spaltbarkeit
vollkommen nach dem Rhombendodekaeder
Bruch
muschelig, splittrig
Tenazität
spröde
Kristallform
kubisch

Zinkblende ist das wichtigste Zinkerz. Sie bildet oft aufgewachsene Kristalle, hauptsächlich Tetraeder und Rhombendodekaeder. Durch Kombination zweier Tetraeder erscheinen die Kristalle oft oktaederähnlich. Häufig ist Zinkblende derb, körnig. Gebänderte nierige Massen nennt man Schalenblende.
Vorkommen Zinkblende findet sich als Erzmineral in kontaktmetasomatischen Lagerstätten, hydrothermalen Gängen und Verdrängungslagerstätten und in sedimentären metamorphen Lagerstätten.
Ähnliche Mineralien Von Bleiglanz, Granat und Fahlerz unterscheidet sich Zinkblende durch Härte und Spaltbarkeit.

Goethit Brauneisenstein, Limonit FeOOH

Härte 5–5½ Dichte 4,3

Farbe
lichtgelb, braun bis schwarzbraun, rötlich braun, schwarz
Strichfarbe
braun
Glanz
Metallglanz bis matt
Spaltbarkeit
vollkommen, aber nur an guten Kristallen erkennbar
Bruch
uneben
Tenazität
spröde
Kristallform
orthorhombisch

Goethit bildet selten nadelige, prismatische und langtafelige Kristalle. Samtige Überzüge von Goethit-Kristallen auf derbem Goethit werden als Samtblende bezeichnet. Häufiger ist er strahlig, nierig mit glatter Oberfläche und wird dann brauner Glaskopf genannt. Am häufigsten ist er derb oder erdig (Limonit).
Vorkommen Goethit bildet selten Kristalle in Blasenhohlräumen vulkanischer Gesteine, in den Oxidationszonen der verschiedensten Erzlagerstätten bildet er als Limonit die Hauptmasse. In seinen Hohlräumen finden sich viele, meist bunte Oxidationsmineralien wie Malachit, Azurit oder Cuprit.
Ähnliche Mineralien Roter Glaskopf hat einen roten, schwarzer Glaskopf einen schwarzen Strich.

Farbe rotbraun bis schwarz
Strichfarbe gelbbraun bis dunkelbraun, manchmal fast schwarz
Glanz fettiger Metallglanz
Spaltbarkeit sehr gut
Bruch uneben
Tenazität spröde
Kristallform monoklin

Wolframit $(Fe,Mn)WO_4$

Härte 5–5½ Dichte 7,14–7,54

Wolframit ist die allgemeine Bezeichnung für eisenreiche (Ferberit) oder manganreiche (Hübnerit) Mischkristalle der Wolframit-Mischungsreihe. Das Mineral bildet tafelige bis nadelige Kristalle. Häufige Begleitminerale sind Zinnstein und Turmalin.
Vorkommen Findet sich in Graniten, Pegmatiten, pneumatolytischen und hydrothermalen Gängen.
Ähnliche Mineralien Columbit und Zinnstein haben keine gute Spaltbarkeit.

Farbe dunkelgrün, schwarz
Glanz Glas- bis Fettglanz
Spaltbarkeit vollkommen, Spaltflächen bilden Winkel von ca. 120°
Bruch uneben
Tenazität spröde
Kristallform monoklin

Hornblende $(Ca,Na,K)_{2-3}(Mg,Fe,Al)_5[(OH,F)_2/(Si,Al)_2Si_6O_{22}]$

Härte 5–6 Dichte 2,9–3,4

Hornblende bildet besonders in vulkanischen Gesteinen prismatische Kristalle, die oft eine dreiflächige Endbegrenzung aufweisen. Eingewachsene Hornblende ist oft stängelig, strahlig oder derb.
Vorkommen In vielen vulkanischen und magmatischen Gesteinen eingewachsen, auf deren Klüften aufgewachsen, in Gneisen, Glimmerschiefern und Chloritschiefern eingewachsen.
Ähnliche Mineralien Augit hat einen anderen Spaltwinkel, Turmalin hat keine Spaltbarkeit.

Farbe strohgelb, gelblich braun, braunrot, rot, schwarz
Strichfarbe braun
Glanz Diamant- bis Metallglanz
Spaltbarkeit vollkommen
Bruch muschelig
Tenazität spröde
Kristallform tetragonal

Rutil TiO_2

Härte 6 Dichte 4,2–4,3

Rutil bildet prismatische bis nadelige Kristalle. Oft sind Kristalle zu knieförmigen Zwillingen verwachsen oder bilden regelrechte Gitter. Häufige Begleitmineralien sind Hämatit und Titanit.
Vorkommen Rutil ist in geringen Mengen weit verbreitet, er findet sich in Pegmatiten, auf alpinen Klüften, in Sedimentgesteinen, metamorphen Gesteinen und Seifen.
Ähnliche Mineralien Turmalin ist härter und hat anderen Glanz, Magnetit hat anderen Strich.

Farbe dunkelgrün
Strichfarbe grün
Glanz Glasglanz, auf Spaltflächen Perlmuttglanz
Spaltbarkeit vollkommen
Bruch blättrig
Tenazität milde, biegsam
Kristallform monoklin

Chlorit

$(Fe,Mg,Al)_6[(OH)_2/(Si,Al)_4O_{10}]$

Härte 2 Dichte 2,6–3,3

Chlorit bildet dick- bis dünntafelige Kristalle, die zu Rosetten verwachsen sein können. Häufig ist er körnig, sandförmig, blättrig oder derb. **Vorkommen** Chlorit ist in metamorphen Gesteinen (Chloritschiefer) und Sedimenten gesteinsbildend. Auf alpinen Klüften ist er als Chloritsand Anzeiger für Kristallklüfte, hier kann er auch schöne Kristalle, zum Teil Rosetten, bilden. **Ähnliche Mineralien** Glimmer sind härter und elastisch biegsam.

Farbe hellblau, blau, grünblau
Strichfarbe grünlich weiß
Glanz Glasglanz, fettig
Spaltbarkeit keine
Bruch muschelig
Tenazität spröde
Kristallform meist amorph

Chrysokoll

$CuSiO_3$+aq.

Härte 2–4 Dichte 2,0–2,2

Chrysokoll bildet keine Kristalle. Er findet sich in traubigen, nierigen Massen und bildet radialstrahlige Aggregate. Er kann krustig, stalaktitisch, derb sein. Häufige Begleitmineralien sind Malachit, Azurit und Quarz. Dichte Massen werden oft verschliffen.
Vorkommen Chrysokoll findet sich in der Oxidationszone von Kupferlagerstätten.
Ähnliche Mineralien Malachit hat eine andere Farbe; Türkis ist härter.

Farbe hell- bis olivgrün, schwarzgrün, braun, weißlich
Strichfarbe gelb bis olivgrün
Glanz Glasglanz bis Seidenglanz
Spaltbarkeit keine
Bruch muschelig
Tenazität spröde
Kristallform orthorhombisch

Olivenit

$Cu_2[OH/AsO_4]$

Härte 3 Dichte 4,3

Olivenit bildet tafelige bis prismatische Kristalle. Er kann nadelig, haarförmig, faserig sein und radialstrahlige, traubige und nierige Aggregate bilden. Häufig ist er auch erdig oder derb. Häufige Begleitmineralien sind Malachit und Azurit.
Vorkommen Olivenit findet sich in der Oxidationszone von Kupferlagerstätten.
Ähnliche Mineralien Adamin ist meist viel heller grün.

Malachit

$Cu_2[(OH)_2/CO_3]$

Härte 4 Dichte 4,0

Farbe smaragdgrün bis hellgrün
Strichfarbe grün
Glanz Glasglanz
Spaltbarkeit gut, aber sichtbar
Bruch muschelig
Tenazität spröde
Kristallform monoklin

Malachit bildet nadelige Büschel, tafelige bis prismatische Kristalle. Typisch sind strahlige, nierige Krusten und Massen mit hell- und dunkelgrüner Bänderung. Oft ist er auch erdig und derb.
Vorkommen In der Oxidationszone von Kupferlagerstätten, hier häufigstes Oxidationsmineral.
Ähnliche Mineralien Verwechselbare Mineralien brausen nicht wie Malachit beim Betupfen mit verdünnter Salzsäure, charakteristisch für derbe Massen ist die Hell-Dunkel-Bänderung.

Pseudomalachit

$Cu_5[(OH)_2/PO_4]_2$

Härte 4½ Dichte 4,34

Farbe dunkel- bis schwärzlich grün
Strichfarbe grün
Glanz Glas- bis Fettglanz
Spaltbarkeit keine
Bruch muschelig
Tenazität spröde
Kristallform monoklin

Tafelige Kristalle von Pseudomalachit sind eher selten, meist bildet er radialstrahlige Aggregate, nierige Aggregate oder ist krustig und erdig. Meist ist er mit Quarz oder Limonit vergesellschaftet.
Vorkommen In der Oxidationszone von Kupferlagerstätten.
Ähnliche Mineralien Malachit braust im Gegensatz zu Pseudomalachit beim Betupfen mit verdünnter Salzsäure.

Dioptas

$Cu_6[Si_6O_{18}]\cdot 6\,H_2O$

Härte 5 Dichte 3,3

Farbe smaragdgrün
Strichfarbe grün
Glanz Glasglanz
Spaltbarkeit nach dem Grundrhomboeder erkennbar
Bruch muschelig
Tenazität spröde
Kristallform trigonal

Dioptas ist selten derb, meist bildet er lang- bis kurzprismatische Kristalle oder nadelige bis strahlige Aggregate. Selten wird er zu Schmuck verwendet. Häufige Begleitmineralien sind Malachit, Chrysokoll und Quarz.
Vorkommen In der Oxidationszone von Kupferlagerstätten.
Ähnliche Mineralien Malachit hat eine andere Kristallform und braust mit verdünnter Salzsäure, Smaragd ist viel härter.

Farbe
hell- bis dunkelgrün
Strichfarbe
graugrün
Glanz
Glasglanz
Spaltbarkeit
vollkommen, Spaltwinkel etwa 120°
Bruch
uneben
Tenazität
spröde
Kristallform
monoklin

Aktinolith Strahlstein

$(Ca,Fe)_2(Mg,Fe)_5[OH/Si_4O_{11}]_2$

Härte 5½-6 Dichte 2,9–3,1

Aktinolith bildet stängelige bis nadelige, prismatische Kristalle. Strahlige Aggregate heißen Strahlstein, feinfaserige bis haarförmige Ausbildungen werden Amiant oder Byssolith genannt. Feinfaserige Varietäten bezeichnet man auch als Aktinolith-Asbest.

Vorkommen Eingewachsen in metamorphen Gesteinen, insbesondere Talk- und Chloritschiefern, in Eklogiten, auf alpinen Klüften (hier insbesondere als Amiant und Byssolith), in Skarn-Gesteinen.

Ähnliche Mineralien Pyroxene haben einen anderen Spaltwinkel, Turmalin hat eine andere Kristallform und keine Spaltbarkeit, Hornblende ist mehr schwarz, Epidot bildet keine strahligen Aggregate.

Farbe
dunkelgrün, schwarz
Strichfarbe
schwärzlich grün
Glanz
Glasglanz
Spaltbarkeit
nach dem Prisma deutlich, Spaltwinkel ungefähr 90°
Bruch
muschelig
Tenazität
spröde
Kristallform
monoklin

Augit

$(Ca,Mg,Fe)_2[(Si,Al)_2O_6]$

Härte 6 Dichte 3,3–3,5

Augit bildet in vulkanischen Gesteinen eingewachsen kurz- bis langprismatische Kristalle. Auf Klüften finden sich prismatische bis nadelige Kristalle, häufig ist er auch körnig oder derb. Begleitmineralien sind Hornblende, Olivin und Biotit.

Vorkommen In vulkanischen Gesteinen als Gesteinsgemengteil, gut ausgebildete Kristalle besonders in vulkanischen Tuffen zum Beispiel der Eifel oder von Lanzarote.

Ähnliche Mineralien Hornblende hat eine andere Spaltbarkeit und einen mehr sechsseitigen Querschnitt im Gegensatz zum mehr vier- bzw. achtseitigen des Augits. Turmalin ist mehr strahlig und hat einen dreiseitigen Querschnitt der Kristalle. Olivin ist immer deutlich durchscheinender und olivgrün gefärbt.

Farbe
dunkel bis hell stahlgrau, undurchsichtig
Glanz
Metallglanz bis matt
Spaltbarkeit
nach der Basis vollkommen
Bruch blättrig
Tenazität
biegsam, milde
Kristallform
hexagonal

Graphit C
Härte 1 Dichte 2,1–2,3

Graphit ist das weichste Mineral, seine Blättchen sind biegsam, er schreibt auf Papier und wird zur Herstellung von Bleistiften verwendet. Er bildet blättrige, schuppige Massen oder, eingewachsen in Marmor, einzelne tafelige Kriställchen.
Vorkommen In kristallinen Schiefern, Marmoren, Pegmatiten.
Ähnliche Mineralien Covellin ist mehr blau, Hämatit hat einen roten Strich und ist härter und spröde.

Farbe
blauschwarz
Strichfarbe
blauschwarz, verrieben dunkelblau
Glanz
Metallglanz
Spaltbarkeit
vollkommen
Bruch blättrig
Tenazität
milde, Blättchen biegsam
Kristallform
hexagonal

Covellin Kupferindig CuS
Härte 1½–2 Dichte 4,68

Covellin bildet schwarzblaue, oft irisierende tafelige Kristalle und blättrige Aggregate. Meist ist er derb, krustig, erdig. Beim Benetzen mit Wasser wird seine blaue Farbe violett.
Vorkommen In hydrothermalen Gängen, als Überzug auf anderen Sulfiden, insbesondere Pyrit.
Ähnliche Mineralien Die blauschwarze Farbe und der Farbwechsel beim Befeuchten verhindern eine Verwechslung. Schreibt im Gegensatz zu Graphit nicht auf Papier.

Farbe
bleigrau, undurchsichtig
Strichfarbe
schwarz
Glanz
Metallglanz
Spaltbarkeit
sehr vollkommen
Bruch
spätig, blättrig
Tenazität
biegsam, milde
Kristallform
orthorhombisch

Antimonit Antimonglanz, Grauspießglanz Sb_2S_3
Härte 2 Dichte 4,6–4,7

Antimonit bildet prismatische bis nadelige Kristalle, die meist aufgewachsen sind, oft zu büscheligen Gruppen verwachsen.
Vorkommen In hydrothermalen, insbesondere Antimonit-Quarz-Gängen.
Ähnliche Mineralien Arsenkies ist härter und deutlich spröde, Bleiglanz hat eine andere Spaltbarkeit. Die vollkommene Spaltbarkeit und die häufig verbogenen Kristalle sind sehr charakteristisch.

Farbe bleigrau
Strichfarbe schwarz
Glanz starker Metallglanz, oft matt oder blau angelaufen
Spaltbarkeit sehr vollkommen nach dem Würfel
Bruch spätig
Tenazität milde
Kristallform kubisch

Bleiglanz Galenit — PbS

Härte 2½–3 Dichte 7,2–7,6

Bleiglanz bildet aufgewachsene Kristalle und derbe spätige Massen. Häufige Begleitmineralien sind Zinkblende, Kalkspat und Quarz.
Vorkommen In Pegmatiten, in hydrothermalen Gängen, als Verdrängung in Kalken, in sedimentären und metamorphen Sulfidlagerstätten.
Ähnliche Mineralien Bei Beachtung von Farbe, Glanz und vollkommener Spaltbarkeit ist Bleiglanz kaum zu verwechseln; Antimonit ist unelastisch biegsam, Arsenkies ist viel härter.

Farbe rötlich silbergrau
Strichfarbe schwarz
Glanz Metallglanz
Spaltbarkeit kaum sichtbar
Bruch muschelig
Tenazität milde
Kristallform über 228 °C kubisch

Bornit Buntkupferkies — Cu_5FeS_4

Härte 3 Dichte 4,9–5,3

Bornit bildet sehr selten würfelige oder oktaedrische Kristalle, meist ist er derb und eingewachsen. Er zeigt ganz typische blauviolette Anlauffarben.
Vorkommen In Pegmatiten, hydrothermalen Erzgängen, besonders auch in der Zementationszone.
Ähnliche Mineralien Die typischen Anlauffarben sind charakteristisch; bunt angelaufener Kupferkies ist im frischen Bruch immer gelb.

Farbe stahlgrau
Strichfarbe schwarz
Glanz Metallglanz, oft matt
Spaltbarkeit keine
Bruch muschelig
Tenazität spröde
Kristallform kubisch

Fahlerz — $Cu_3AsS_{3,25}$

Härte 3–4 Dichte 4,6–5,2

Die Fahlerze sind eine Gruppe von Kupfer-Arsen- (Tennantit) und Kupfer-Antimon-Sulfiden (Tetraedrit), die große Bedeutung als Kupfererze haben. Sie zeichnen sich durch ihre tetraederförmigen Kristalle aus.
Vorkommen In hydrothermalen Gängen, in subvulkanischen Lagerstätten, in kontaktmetasomatischen Lagerstätten.
Ähnliche Mineralien Arsenkies ist härter, Bleiglanz hat eine ausgezeichnete Spaltbarkeit.

Farbe messinggelb
Strichfarbe grünlich schwarz
Glanz Metallglanz
Spaltbarkeit vollkommen, aber fast nie erkennbar
Bruch uneben
Tenazität spröde
Kristallform trigonal

Millerit Nickelkies, Haarkies NiS

Härte 3½ Dichte 5,3

Millerit bildet ganz typische nadelige Kristalle, meist sind sie haarförmig, häufig zu Büscheln oder Garben verwachsen, daher auch der deutsche Name Haarkies.
Vorkommen In Nickellagerstätten, in Kohlelagerstätten in Drusen im Nebengestein.
Ähnliche Mineralien Die typische nadelige bis haarförmige Ausbildung und die messinggelbe Farbe von Millerit schließen eine Verwechslung aus. Der seltene nadelige Pyrit ist viel härter.

Farbe messinggelb mit grünlichem Stich, oft bunt angelaufen
Strichfarbe schwarz
Glanz Metallglanz
Spaltbarkeit kaum erkennbar
Bruch muschelig
Tenazität spröde
Kristallform tetragonal

Kupferkies Chalkopyrit $CuFeS_2$

Härte 3–4 Dichte 4,2–4,3

Kupferkies bildet goldgelbe tetraeder- und oktaederähnliche Kristalle, oft verzwillingt. Der Großteil des Kupferkieses ist aber derb. Manchmal zeigt Kupferkies bunte Anlauffarben.
Vorkommen In Graniten und Gabbros, in Pegmatiten und Zinnerzgängen, in hydrothermalen Gängen und Schwarzschiefern.
Ähnliche Mineralien Pyrit ist viel härter, Gold ist weicher und schneid- und hämmerbar. Bornit ist im frischen Bruch rosaviolett.

Farbe zinnweiß bis stahlgrau, oft dunkler angelaufen
Strichfarbe schwarz
Glanz Metallglanz
Spaltbarkeit undeutlich
Bruch uneben
Tenazität spröde
Kristallform orthorhombisch

Arsenopyrit Arsenkies $FeAsS$

Härte 5½–6 Dichte 5,9–6,2

Arsenkies bildet oktaederähnliche bis prismatische oder tafelige Kristalle. Die Hauptmenge des Arsenkieses ist aber derb und eingewachsen. Häufige Begleitmineralien sind Pyrit, Antimonit und Kupferkies.
Vorkommen In Pegmatiten und Zinnerzgängen, besonders aber in hydrothermalen Gängen.
Ähnliche Mineralien Pyrit und Markasit haben eine goldgelbe Farbe, Kupferkies und Fahlerz sind deutlich weicher.

Farbe
braunschwarz bis schwarz
Strichfarbe
braun bis schwarz
Glanz
Pechglanz
Spaltbarkeit
kaum sichtbar
Bruch
muschelig
Tenazität
spröde
Kristallform
orthorhombisch

Columbit

$(Fe,Mn)(Nb,Ta)_2O_6$

Härte 6 Dichte 5,3–8,1

Columbit ist der Name für Mischkristalle von Niobit (Niob-reich) und Tantalit (Tantal-reich). Columbit bildet tafelige bis nadelige Kristalle und strahlige Aggregate, die meist in Quarz eingewachsen sind. Columbit ist ein wichtiges Niob- und Tantal-Erz.

Vorkommen In Pegmatiten, hier oft in sehr großen Kristallen eingewachsen. Selten auf alpinen Klüften.

Ähnliche Mineralien Hämatit hat einen anderen Strich, Wolframit hat im Gegensatz zu Columbit eine hervorragende Spaltbarkeit. Achtung! Columbit ist manchmal mit Pechblende verwachsen und kann dann radioaktiv strahlen.

Farbe
silbergrau bis mattschwarz
Strichfarbe
schwarz
Glanz
Metallglanz bis matt
Spaltbarkeit
keine
Bruch
muschelig, in Aggregaten bröckelig bis faserig
Tenazität
spröde
Kristallform
tetragonal

Pyrolusit Braunstein

MnO_2

Härte 6, in Agg. scheinbar oft viel niedriger Dichte 4,9–5,1

Pyrolusit bildet silbergraue prismatische bis dicktafelige Kristalle, radialstrahlige Aggregate, die oft in Hohlräumen von Limonit aufgewachsen sind. Nierige Aggreggate mit glatter Oberfläche werden auch schwarzer Glaskopf genannt. Häufig ist Pyrolusit auch erdig und krustig. Pyrolusit ist ein wichtiges Manganerz.

Vorkommen In hydrothermalen Gängen, in der Oxidationszone – besonders von Sideritlagerstätten –, in Sedimenten als kleine Kügelchen (Oolithe).

Ähnliche Mineralien Antimonit ist nicht so spröde und viel weicher, Goethit hat einen braunen Strich, Columbit und Wolframit kommen in ganz anderen Lagerstätten vor.

Farbe
hell messingfarben
Strichfarbe
schwarz
Glanz
Metallglanz
Spaltbarkeit
keine
Bruch
muschelig
Tenazität
spröde
Kristallform
kubisch

Pyrit Eisenkies FeS_2

Härte 6–6 ½ Dichte 5,0–5,2

Pyrit tritt häufig in Kristallen auf. Er bildet Würfel mit gestreiften Flächen, Oktaeder, Pentagondodekaeder, radialstrahlige und nierige Aggregate, selten Kugeln oder scheibenförmige Aggregate (Pyritsonnen). Häufig ist er auch derb mit Bleiglanz, Kupfkies oder Zinkblende verwachsen.

Vorkommen Pyrit ist ein sehr häufiges und weit verbreitetes Mineral. Man findet ihn eingewachsen in Gesteinen jeglicher Art, in intramagmatischen Lagerstätten, in hydrothermalen Gängen, als Konkretion in Sedimenten, in metamorphen Lagerstätten.

Ähnliche Mineralien Markasit hat eine andere Kristallform, Kupferkies ist deutlich weicher, gediegen Gold ist viel weicher.

36–37

Farbe
messinggelb mit Stich ins Grüne
Strichfarbe
schwarz
Glanz
Metallglanz
Spaltbarkeit
schlecht
Bruch
uneben
Tenazität
spröde
Kristallform
orthorhombisch

Markasit Speerkies, Kammkies FeS_2

Härte 6–6½ Dichte 4,8–4,9

Tafelige Kristalle von Markasit sind oft zu gezackten, kammförmigen Gruppen verwachsen. Oft bildet er strahlige und schalige, nierige oder kugelige Aggregate, kann aber auch derb auftreten. **Vorkommen** In hydrothermalen Lagerstätten, als Konkretionen, in Sedimenten, besonders Kalken und Mergeln, eingewachsen. **Ähnliche Mineralien** Pyrit hat eine andere Kristallform (Würfel, Pentagondodekaeder), Kupferkies ist weicher.

Farbe
eisenschwarz
Strichfarbe
schwarz
Glanz
matter Metallglanz
Spaltbarkeit
kaum erkennbar
Bruch
muschelig
Tenazität
spröde
Kristallform
kubisch

Magnetit Magneteisenstein, Magneteisenerz Fe_3O_4

Härte 6–6½ Dichte 5,2

Magnetit wird vom Magneten deutlich angezogen. Er bildet Oktaeder, Rhombendodekaeder, die auf- oder eingewachsen sind. Er ist in großen Massen ein wichtiges Eisenerz. **Vorkommen** In magmatischen Gesteinen eingewachsen, in großen Massen in pneumatolytischen Verdrängungslagerstätten und metamorphen Lagerstätten. **Ähnliche Mineralien** Alle ähnlichen Mineralien sind nicht oder nur schwach magnetisch.

Farbe
gelbgrün, dunkelgrün, schwarzgrün
Strichfarbe
grünlich schwarz
Glanz
Glasglanz
Spaltbarkeit
schlecht sichtbar
Bruch
muschelig
Tenazität
spröde
Kristallform
monoklin

Epidot $Ca_2(Fe,Al)Al_2[O/OH/SiO_4/Si_2O_7]$

Härte 6–7 Dichte 3,3–3,5

Epidot bildet prismatische, selten dicktafelige Kristalle, strahlige Aggregate, manchmal ist er derb in Gesteinen eingewachsen. **Vorkommen** In Drusen und Hohlräumen von Pegmatiten, in Epidotschiefern, auf Klüften von Graniten und metamorphen Gesteinen. **Ähnliche Mineralien** Augit, Hornblende und Aktinolith haben im Gegensatz zu Epidot eine vollkommene Spaltbarkeit, Turmalin hat eine andere Kristallform.

Schwefel

S

Härte 2 Dichte 2,0–2,1

Farbe
gelb, bräunlich gelb, grünlich gelb, durchsichtig bis undurchsichtig
Strichfarbe
weiß
Glanz
Harz- bis Fettglanz, auf Kristallflächen Diamantglanz
Spaltbarkeit
kaum vorhanden
Bruch
muschelig
Tenazität
sehr spröde
Kristallform
orthorhombisch

Aufgewachsene Kristalle von Schwefel zeigen häufig Dipyramiden, sind spitzpyramidal, selten tafelig. Häufig ist Schwefel körnig, faserig, nierig, stalaktitisch, erdig oder pulvrig-derb. Häufiges Begleitmineral ist Aragonit.
Vorkommen In der Nähe vulkanischer Gasaustritte, Gänge, Lager, Nester, Imprägnationen in Sedimentgesteinen, in Salzlagerstätten, auf Erzlagerstätten mit sulfidischen Erzen, als Ausfüllung von Fossilhohlräumen, auf Drusen in Marmoren.
Ähnliche Mineralien Die seltene gelbe Zinkblende ist an ihrer guten Spaltbarkeit sofort von Schwefel zu unterscheiden, gelber Kalkspat ist härter und hat eine charakteristische Spaltbarkeit.

Steinsalz Halit

NaCl

Härte 2 Dichte 2,1–2,2

Farbe
farblos, weiß, rötlich, rosa, gelb, grau, blau, durchsichtig bis undurchsichtig
Strichfarbe
weiß
Glanz
Glasglanz
Spaltbarkeit
nach dem Würfel vollkommen
Bruch
muschelig
Tenazität
milde bis spröde
Kristallform
kubisch

Kristalle von Steinsalz zeigen fast nur Würfel, sehr selten Oktaeder, sie sind meist aufgewachsen. Der Großteil des Steinsalzes ist körnig, derb, selten faserig. Steinsalz schmeckt deutlich salzig, es wird als Speisesalz verwendet und ist ein wichtiger Chlor- und Natrium-Rohstoff. Im Winter wird es in großen Mengen als Streusalz auf den Straßen verwendet.
Vorkommen In Steinsalzlagerstätten in großen dichten Massen – entstanden durch Verdunstung urzeitlicher Meere, in Steppen und Wüsten in dünnen Krusten auf der Erdoberfläche, an Austrittsstellen vulkanischer Gase.
Ähnliche Mineralien Fluorit ist härter und nicht wasserlöslich, er schmeckt nicht salzig, ebenso wie Kalkspat, der auch eine andere Kristallform hat.

Farbe
farblos, weiß, gelblich, rosa, durchsichtig bis undurchsichtig
Strichfarbe
weiß
Glanz
Perlmuttglanz
Spaltbarkeit
vollkommen
Bruch
uneben
Tenazität
nichtelastisch biegsam, milde bis spröde
Kristallform
monoklin

Gips Selenit

$CaSO_4 \cdot 2\,H_2O$

Härte 2 Dichte 2,3–2,4

Gips bildet prismatische bis tafelige Kristalle, die linsenförmig oder nadelig sein können. Häufig sind Zwillinge mit einspringenden Winkeln (Schwalbenschwanzzwillinge), daneben ist Gips faserig (Fasergips mit seidigem Glanz), schuppig, körnig, dicht (Alabaster) und rosettenförmig (Sandrose).

Vorkommen Als Kristalle und Konkretionen in Tonen und Mergeln, auf Erzlagerstätten, als neue Bildung in alten Bergwerken, Stollen und Wüsten (hier als sogenannte Sandrosen), in Salzlagerstätten.

Ähnliche Mineralien Spaltbarkeit und Härte unterscheiden Gips von allen anderen Mineralien. Kalkspat ist nicht biegsam.

Farbe
farblos, weiß, silbrig grau, grünlich, gelblich, bräunlich
Strichfarbe
weiß
Glanz
Perlmuttglanz
Spaltbarkeit
nach der Basis äußerst vollkommen
Bruch
blättrig
Tenazität
milde Blättchen elastisch biegsam
Kristallform
monoklin

Glimmer

$K(Mg,Fe,Al)_2[(OH,F)_2/AlSi_3O_{10}]$

Härte 2–2½ Dichte 2,78–2,88

Die Glimmer sind eine Gruppe von Mineralien, die sich durch ihre elastisch biegsamen blättchenförmigen Kristalle und die vollkommene Spaltbarkeit auszeichnen. Am wichtigsten sind der weiß bis farblose Kaliglimmer Muskovit, der schwarze Kalium-Eisen-Glimmer Biotit und der braune Kalium-Magnesium-Glimmer Phlogopit.

Vorkommen Gesteinsbildend in Graniten, Pegmatiten (hier Tafeln bis mehrere Quadratmeter), Gneisen, Glimmerschiefern, Sandsteinen, Marmoren, nicht in vulkanischen Gesteinen; aufgewachsene Kristalle zum Beispiel in alpinen Klüften oder in Drusen in Pegmatiten.

Ähnliche Mineralien Talk und Chlorit sind weicher, ihre Blättchen sind nicht elastisch biegsam, Biotit und Phlogopit sind fast immer deutlich dunkler.

Farbe
silberweiß, oft gelblich bis schwärzlich angelaufen
Strichfarbe
weiß metallisch
Glanz
Metallglanz, angelaufen manchmal matt
Spaltbarkeit
keine
Bruch
hakig
Tenazität
milde, sehr dehnbar, kann zu Plättchen gehämmert werden
Kristallform
kubisch

Silber gediegen — Ag

Härte 2½–3 Dichte 9,6–12

Kristalle von gediegen Silber sind selten, vorherrschend sind skelettförmige, dendritische, blech- und drahtförmige Aggregate, oft lockenförmig. Daneben findet man Silber auch derb und eingewachsen.

Vorkommen In verschieden temperierten hydrothermalen Gängen; selten primär, meist sekundär als Zementationsbildung, manchmal in großen Blechen auf Kluftflächen in schwarzen Schiefern.

Ähnliche Mineralien Bleiglanz und andere silbergraue Mineralien können nicht zu Plättchen gehämmert werden. Die lockenförmige oder skelettförmige Ausbildung ist sehr charakteristisch für gediegen Silber.

Farbe
gelb bis orangerot, blau, grau
Strichfarbe
weiß
Glanz
Diamant- bis Harzglanz
Spaltbarkeit
schwach nach der Pyramide
Bruch
muschelig
Tenazität
spröde
Kristallform
tetragonal

Wulfenit Gelbbleierz — $PbMoO_4$

Härte 3 Dichte 6,7–6,9

Wulfenit bildet meist aufgewachsene Kristalle von gelber, orangeroter bis roter Farbe. Die Kristalle sind spitze Pyramiden, dicke bis dünne Tafeln, oft sandwichartig aufgebaut, seltener nadelig. Begleitmineralien sind Cerussit, Anglesit, Smithsonit.

Vorkommen In der Oxidationszone von Bleilagerstätten, immer dort, wo ein Molybdänlieferant – z. B. schwarze Schiefer – im Nebengestein vorhanden ist.

Ähnliche Mineralien Aussehen – besonders Kristallform sowie orange Farbe – und Vorkommen von Wulfenit mit anderen Blei- und Zinkoxidationsmineralien lassen keine Verwechslung zu, Kalkspat braust beim Betupfen mit verdünnter Salzsäure, Pyromorphit zeigt immer sechsseitige Formen, Gleiches gilt für Mimetesit und Vanadinit.

Farbe
gelb, braun, orange, rot
Strichfarbe
weiß bis gelblich
Glanz
Diamantglanz bis Fettglanz
Spaltbarkeit
keine
Bruch
muschelig
Tenazität
spröde
Kristallform
hexagonal

Vanadinit

$Pb_5[Cl/(VO_4)_3]$

Härte 3 Dichte 6,8–7,1

Die prismatischen bis tafeligen Kristalle von Vanadinit sind immer aufgewachsen. Seltener bildet er radialstrahlige und kugelige Aggregate, ganz selten ist Vanadinit derb. Begleitmineralien sind Cerussit und Wulfenit.
Vorkommen In der Oxidationszone von Bleilagerstätten, dort wo in der Umgebung Vanadium-haltige Gesteine, z. B. schwarze Schiefer, vorhanden sind.
Ähnliche Mineralien Apatit ist härter, Pyromorphit und Mimetesit sind nicht rot; brauner oder gelber Vanadinit ist mit einfachen Mitteln nicht von Mimetesit oder Pyromorphit zu unterscheiden, roter Wulfenit bildet keine sechseckigen Kristalle, sondern immer viereckige Tafeln oder Säulen.

Farbe
farblos, weiß, gelblich, bräunlich, grau
Strichfarbe
weiß
Glanz
Glasglanz bis Fettglanz
Spaltbarkeit
nach der Basis sichtbar
Bruch
muschelig
Tenazität
spröde
Kristallform
orthorhombisch

Anglesit

$PbSO_4$

Härte 3 Dichte 6,3

Die aufgewachsenen Kristalle von Anglesit sind tafelig, prismatisch, dipyramidal, selten nadelig. Daneben kann das Mineral auch körnig, krustig und derb sein. Begleitmineralien sind Bleiglanz, Cerussit und Wulfenit.
Vorkommen In der Oxidationszone von Bleilagerstätten, oft als erste Bildung bei der Verwitterung von Bleiglanz und meistens direkt auf diesem aufgewachsen, oder in Hohlräumen von Bleiglanz Drusen bildend.
Ähnliche Mineralien Schwerspat hat eine viel bessere Spaltbarkeit und ist nicht an verwitterten Bleiglanz gebunden, Anglesit bildet nie so große Massen wie Schwerspat. Cerussit zeigt im Gegensatz zu Anglesit oft knieförmige Zwillinge und sternförmige Drillinge.

46–47

Farbe
farblos, weiß, gelb, braun; durch Fremdbeimengungen vielfältig gefärbt: rot, blau, grün, schwarz
Strichfarbe
weißlich
Glanz
Glasglanz
Spaltbarkeit
sehr vollkommen nach dem Grundrhomboeder
Bruch
spätig bis muschelig
Tenazität
spröde
Kristallform
trigonal

Kalkspat Calcit

$CaCO_3$

Härte 3 Dichte 2,6–2,8

Die Kristalle von Calcit sind sehr vielfältig. Der Habitus kann prismatisch, isometrisch, linsenförmig, nadelig, dick- und dünntafelig sein. Häufig sind Zwillinge mit einspringenden Winkeln, noch häufiger strahlige, kugelige und nierige Aggregate, oft in Form von Tropfsteinen. **Vorkommen** Kristalle in Drusen von Erzgängen, Blasenhohlräumen von vulkanischen Gesteinen, auf Klüften und in Drusen von Karbonatgesteinen, als Gangart vieler hydrothermaler Gänge; gesteinsbildend in Kalksteinen, in Kalktuffen, in Mergeln und in Marmoren. **Ähnliche Mineralien** Kalkspat braust beim Betupfen mit verdünnter kalter Salzsäure, Dolomit braust nur mit heißer Salzsäure. Quarz ist härter, Gips ist weicher.

Farbe
farblos, weiß, gelblich, rötlich, blau
Strichfarbe
weiß
Glanz
Glasglanz
Spaltbarkeit
nach der Basis vollkommen
Bruch spätig
Tenazität
spröde
Kristallform
orthorhombisch

Baryt Schwerspat $BaSO_4$

Härte 3–3½ Dichte 4,48

Baryt zeichnet sich durch sein hohes spezifisches Gewicht aus, er wird daher auch Schwerspat genannt. Seine Kristalle sind tafelig, seltener prismatisch und oft zu fächerförmigen und hahnenkammartigen Aggregaten verwachsen.
Vorkommen Als Gangart in hydrothermalen Gängen, als Konkretionen in Sandsteinen und anderen Sedimentgesteinen.
Ähnliche Mineralien Quarz und Feldspat sind härter, Gips, Kalkspat und Aragonit viel leichter.

Farbe
farblos, weiß, blau, rötlich, grünlich, bräunlich
Strichfarbe weiß
Glanz Glasglanz, auf Spaltflächen Perlmuttglanz
Spaltbarkeit
nach der Basis vollkommen
Bruch uneben
Tenazität spröde
Kristallform
orthorhombisch

Coelestin $SrSO_4$

Härte 3–3½ Dichte 3,9–4,0

Coelestin bildet dünn- bis dicktafelige, seltener auch prismatische Kristalle. Seine Aggregate sind radialstrahlig, stängelig, faserig.
Vorkommen In hydrothermalen Gängen und Blasenhohlräumen vulkanischer Gesteine, als Spalten- und Drusenfüllungen in Kalken und Mergeln, in sedimentären Lagen in Kalksteinen.
Ähnliche Mineralien Schwerspat hat eine größere Dichte, Kalkspat braust mit Salzsäure, Gips ist viel weicher.

Farbe
farblos, weiß, grau, gelb, braun, schwärzlich
Strichfarbe
weiß
Glanz
Fett- bis Diamantglanz
Spaltbarkeit
schlecht erkennbar
Bruch muschelig
Tenazität spröde
Kristallform
orthorhombisch

Cerussit Weißbleierz $PbCO_3$

Härte 3–3½ Dichte 6,4–6,6

Cerussit-Kristalle sind prismatisch, isometrisch, tafelig, oft bilden sie knieförmige Zwillinge. Daneben bildet Cerussit nierige Aggregate und dünne Krusten.
Vorkommen In der Oxidationszone von Bleilagerstätten.
Ähnliche Mineralien Kalkspat und Aragonit brausen im Gegensatz zu Cerussit bereits mit verdünnter Salzsäure; die charakteristische Verzwillingung unterscheidet Cerussit von Anglesit.

Farbe
farblos, weiß, gelb, rosa bis violett
Strichfarbe
weiß
Glanz
Glasglanz
Spaltbarkeit
vollkommen, aber meist nicht erkennbar
Bruch muschelig
Tenazität spröde
Kristallform
orthorhombisch

Adamin

$Zn_2[OH/AsO_4]$

Härte 3½ Dichte 4,3–4,5

Adamin bildet prismatische bis nadelige Kristalle, radialstrahlige Aggregate, ist oft auch krustig, derb. Reiner Adamin ist farblos bis gelblich, Kupfergehalte färben ihn grün (Cuproadamin), solche von Kobalt rosaviolett (Kobaltadamin).
Vorkommen In der Oxidationszone von Zinklagerstätten, die auch arsenhaltige Mineralien führen.
Ähnliche Mineralien Olivenit ist dunkelgrün, Anglesit und Cerussit haben eine andere Kristallform.

Farbe
farblos, weiß, grau, rot bis rotviolett
Strichfarbe
weiß
Glanz
Glasglanz
Spaltbarkeit
nur undeutlich
Bruch
muschelig
Tenazität
spröde
Kristallform
orthorhombisch

Aragonit

$CaCO_3$

Härte 3½–4 Dichte 2,95

Kristalle von Aragonit sind meist nadelig, prismatisch, Drillinge ähneln hexagonalen Prismen. Daneben gibt es strahlige Aggregate; korallenartige Gebilde nennt man Eisenblüte.
Vorkommen In der Oxidationszone, in Drusen und Klüften von Ergussgesteinen, in Tonen eingewachsen, in den Ablagerungen heißer Quellen.
Ähnliche Mineralien Kalkspat unterscheidet sich durch seine Spaltbarkeit, alle anderen Mineralien durch die Salzsäureprobe.

Farbe
grün, braun, orange, weiß, farblos
Strichfarbe
weiß
Glanz
Fettglanz
Spaltbarkeit
keine
Bruch
muschelig
Tenazität
spröde
Kristallform
hexagonal

Pyromorphit

Grünbleierz, Braunbleierz $Pb_5[Cl/(PO_4)_3]$

Härte 3½–4 Dichte 6,7–7,0

Pyromorphit bildet prismatische Kristalle, oft tönnchenförmig durch gekrümmte Prismenflächen, auch nadelig.
Vorkommen In der Oxidationszone der verschiedensten Bleilagerstätten, besonders in deren oberen, der Verwitterung ausgesetzten Teilen.
Ähnliche Mineralien Mimetesit lässt sich nur schwer unterscheiden, arsenhaltige Mineralien als Begleitmineralien können aber einen Hinweis auf das Vorliegen von Mimetesit geben.

Farbe
farblos, weiß, braun, orange, gelb, grün, grau
Strichfarbe
weiß
Glanz
Diamantglanz bis Fettglanz
Spaltbarkeit
keine
Bruch muschelig
Tenazität spröde
Kristallform
hexagonal

Mimetesit

$Pb_5[Cl/(AsO_4)_3]$

Härte 3½–4 Dichte 7,1

Die Kristalle von Mimetesit sind prismatisch, oft durch Krümmung der Prismenflächen tönnchenförmig, nadelig oder tafelig bis dicktafelig. Mimetesit bildet auch kugelige Aggregate, nierige Krusten und radialstrahlige Aggregate.
Vorkommen In der Oxidationszone von Bleilagerstätten.
Ähnliche Mineralien Apatit ist härter, Vanadinit und Pyromorphit sind mit einfachen Mitteln nicht zu unterscheiden.

Farbe
rosa, hell-, tiefrot, gelbgrau, bräunlich
Strichfarbe
weiß
Glanz
Glasglanz
Spaltbarkeit
vollkommen
Bruch
uneben
Tenazität
spröde
Kristallform
trigonal

Rhodochrosit Himbeerspat, Manganspat

$MnCO_3$

Härte 3½–4 Dichte 3,3–3,6

Rhodochrosit ist rosa bis himbeerrot, daher auch der deutsche Name Himbeerspat. Er bildet Rhomboeder, Skalenoeder, die oft gerundet sind. Oft findet man kugelige, nierige und radialstrahlige Aggregate, manchmal auch Stalaktiten.
Vorkommen In hydrothermalen Gängen, in der Oxidationszone von Eisen-Mangan-Lagerstätten, in metamorphen Gesteinen.
Ähnliche Mineralien Kalkspat braust, anders als Rhodochrosit, mit verdünnter kalter Salzsäure.

Farbe
farblos, weiß, rosa, grau, bräunlich, schwärzlich
Strichfarbe
weiß
Glanz
Glasglanz
Spaltbarkeit
vollkommen nach dem Rhomboeder
Bruch spätig
Tenazität spröde
Kristallform
trigonal

Dolomit Bitterspat

$CaMg(CO_3)_2$

Härte 3½–4 Dichte 2,85–2,95

Bei Dolomit-Kristallen ist meist nur das Grundrhomboeder vorhanden. Es ist oft sattelförmig gekrümmt. Häufig ist Dolomit derb.
Vorkommen In hydrothermalen Gängen als Gangart und in Drusen, gesteinsbildend, Kristalle häufig auf Klüften von Dolomitgestein.
Ähnliche Mineralien Kalkspat braust schon mit kalter verdünnter Salzsäure. Quarz ist härter, Gips weicher.

Farbe
farblos, weiß, rosa, gelb, braun, grün, blau, violett, schwarz, manchmal auch mehrere Farben an einem Kristall
Strichfarbe
weiß
Glanz
Glasglanz
Spaltbarkeit
vollkommen nach dem Oktaeder
Bruch
uneben
Tenazität
spröde
Kristallform
kubisch

Fluorit Flussspat CaF_2

Härte 4 Dichte 3,1–3,2

Fluorit bildet Würfel, Oktaeder, auch in Kombination miteinander oder mit anderen Kristallformen. Manchmal findet man auch strahlige, nierige Aggregate, selten ist Fluorit kugelig. Am häufigsten sind große, oft auch vielfarbige derbe Massen. Aus ihnen werden auch kunsthandwerkliche Gegenstände hergestellt.
Vorkommen In hydrothermalen Gängen als Gangart, dort in Hohlräumen zum Teil sehr große Kristalle, Kristalle in Drusen und auf Klüften in Kalken, auf Klüften von Silikatgesteinen, in alpinen Klüften, lagig derb in Sedimentgesteinen.
Ähnliche Mineralien Von Apatit unterscheidet sich Flussspat in Kristallform und Spaltbarkeit, von Kalkspat und Quarz in der Härte; Steinsalz ist wasserlöslich und schmeckt salzig.

Farbe
gelbweiß, gelbbraun bis dunkelbraun, manchmal bläulich angelaufen
Strichfarbe
weiß
Glanz
Glasglanz
Spaltbarkeit
vollkommen nach dem Rhomboeder
Bruch
spätig
Tenazität
spröde
Kristallform
trigonal

Siderit Eisenspat $FeCO_3$

Härte 4–4½ Dichte 3,7–3,9

Siderit bildet rhomboedrische Kristalle, die oft sattelförmig gekrümmt sind, selten Skalenoeder, häufig bildet er derbe Massen, die mit Calcit, Dolomit, Quarz, Chalcedon und Baryt verwachsen sein können.
Vorkommen In Pegmatiten und Blasenhohlräumen von vulkanischen Gesteinen, als Gangart in hydrothermalen Gängen, in Linsen in metasomatisch veränderten Kalken, als Konkretionen oder in Lagen in Sedimenten, in Torfmooren.
Ähnliche Mineralien Kalkspat braust im Gegensatz zu Siderit schon mit verdünnter Salzsäure, Zinkblende hat eine andere Spaltbarkeit. Von eisenhaltigem Dolomit, der eine ähnliche Farbe haben kann, ist Siderit mit einfachen Mitteln nicht zu unterscheiden.

Farbe
blau, grau, weißlich, schwarz
Strichfarbe
weiß
Glanz
Glasglanz
Spaltbarkeit
vollkommen
Bruch
uneben
Tenazität
spröde
Kristallform
triklin

Disthen Kyanit, Cyanit $Al_2[O/SiO_4]$

Härte 4 (längs) – 7 (quer) Dichte 3,6–3,7

Disthen bildet stängelige, lattenförmige Kristalle, radialstrahlige Aggregate, die immer eingewachsen sind. Eine Besonderheit ist der große Härteunterschied zwischen Längs- und Querrichtung, wie er sonst so ausgeprägt bei keinem anderen Mineral auftritt. Begleitmineralien sind Quarz, Glimmer, Staurolith und Andalusit. Klarer Disthen kann auch als Edelstein verschliffen werden.
Vorkommen In metamorphen Gesteinen, Gneisen, Glimmerschiefern eingewachsen.
Ähnliche Mineralien Der Richtungsunterschied der Härte unterscheidet Disthen von allen anderen Mineralien. Charakteristisch ist die blaue Farbe, anders gefärbte Disthene unterscheiden sich von Aktinolith oder Turmalin durch die Kristallform und den Härteunterschied.

Farbe
farblos, weiß, gelblich grau, orange, braun, blau
Strichfarbe
weiß
Glanz
Fettglanz
Spaltbarkeit
meist schwer erkennbar
Bruch
muschelig
Tenazität
spröde
Kristallform
tetragonal

Scheelit

$CaWO_4$

Härte 4½–5 Dichte 5,9–6,1

Scheelit-Kristalle sind meist Dipyramiden, selten mit Basis. Häufig bildet Scheelit derbe, körnige Aggregate. Begleitmineralien sind Fluorit, Quarz, Zinnstein und Wolframit. Scheelit ist ein wichtiges Wolframerz. Bei Bestrahlung mit ultraviolettem Licht leuchtet Scheelit intensiv blauweiß bis orangeweiß.
Vorkommen In Pegmatiten, pneumatolytischen Gängen, hydrothermalen Golderzgängen, auf alpinen Klüften.
Ähnliche Mineralien Anatas fluoresziert nicht bei Bestrahlung mit ultraviolettem Licht und hat einen anderen Glanz, Fluorit hat im Gegensatz zum Scheelit eine vollkommene Spaltbarkeit nach dem Oktaeder.

Farbe
farblos, weiß, gelb, braun, rot, grün, blau, grau
Strichfarbe
weiß
Glanz
Glasglanz
Spaltbarkeit
nach dem Rhomboeder vollkommen
Bruch
uneben
Tenazität
spröde
Kristallform
trigonal

Smithsonit Zinkspat

$ZnCO_3$

Härte 5 Dichte 4,3–4,5

Zinkspat bildet Skalenoeder und Rhomboeder, die oft gerundet und reiskornförmig ausgebildet sind. Aggregate sind nierig, stalaktitisch oder schalig. Geringe Kupfergehalte färben Zinkspat grün, solche von Kobalt rufen eine Rosafärbung der Kristalle hervor. Begleitmineralien sind Wulfenit und Cerussit.
Vorkommen In der Oxidationszone von Zinklagerstätten, als Haupterz in nichtsulfidischen Zinklagerstätten.
Ähnliche Mineralien Kalkspat braust im Gegensatz zu Zinkspat mit verdünnter Salzsäure, Dolomit kommt meist nicht in der Oxidationszone von Zinklagerstätten vor.

Farbe
farblos, gelb, blau, grün, violett, rot
Strichfarbe
weiß
Glanz
Glasglanz
Spaltbarkeit
nach der Basis manchmal deutlich
Bruch
muschelig
Tenazität
spröde
Kristallform
hexagonal

Apatit

$Ca_5[(F,Cl)/(PO_4)_3]$

Härte 5 Dichte 3,16–3,22

Kristalle von Apatit sind prismatisch, lang- bis kurzsäulig, durch viele Flächen bisweilen kugelig. Sie sind auf- und eingewachsen. Aggregate von Apatit sind nadelig, strahlig, kugelig. In Sedimenten bilden sich kugelige Aggregate und ganze Lagen von Apatit, die als Phosphor-Rohstoff für die Düngemittelherstellung abgebaut werden.

Vorkommen Mikroskopisch in allen magmatischen Gesteinen, in frei gewachsenen Kristallen auf deren Klüften und in Hohlräumen, in Pegmatiten, alpinen Klüften, als Konkretionen und Lager in Sedimenten.

Ähnliche Mineralien Quarz und Beryll sind härter, Kalkspat, Pyromorphit, Mimetesit sind weicher.

Farbe
farblos, weiß, gelb, grünlich, rot, braun, schwarzbraun, blau
Strichfarbe
weiß
Glanz
Harzglanz
Spaltbarkeit
schwer erkennbar
Bruch
muschelig
Tenazität
spröde
Kristallform
monoklin

Titanit Sphen

$CaTi[O/SiO_4]$

Härte 5–5½ Dichte 3,4–3,6

Aufgewachsene Kristalle von Titanit sind tafelig bis prismatisch, oft Durchkreuzungszwillinge mit einspringenden Winkeln, seltener isometrisch, eingewachsene Kristalle sind briefkuvertförmig. Keilförmige aufgewachsene Kristalle in alpinen Klüften werden Sphen genannt. Begleitmineralien sind Quarz, Kalkspat, Rutil, Anatas, Apatit.

Vorkommen In vielen Magmatiten und kristallinen Schiefern eingewachsen, aufgewachsene Kristalle in alpinen Klüften, besonders in Amphiboliten, in Pegmatiten, eingewachsen in Marmoren.

Ähnliche Mineralien Anatas ist deutlich tetragonal, Apatit hat eine deutlich andere Kristallform.

Farbe
türkisblau, seltener grünlich, oft mit schwarzer Äderung; undurchsichtig
Strichfarbe
weiß
Glanz
Wachsglanz bis matt
Spaltbarkeit
uneben
Bruch
uneben
Tenazität
spröde
Kristallform
triklin

Türkis

$CuAl_6[(OH)_2/PO_4]_4 \cdot H_2O$

Härte 6 Dichte 2,91

Nur selten bildet Türkis winzige Kristalle, meist bildet er nierige, knollige Aggregate oder ist völlig derb. Begleitmineralien sind Quarz, Limonit, Malachit und Chrysokoll. Wegen seiner auffallenden Farbe wird er gerne zu Schmuck verarbeitet.

Vorkommen In der Oxidationszone von Kupferlagerstätten, als Adern und Gänge in phosphorreichen Schiefern.

Ähnliche Mineralien Farbe und Paragenese machen Türkis unverwechselbar, allerdings treten im Schmuckhandel zahlreiche Fälschungen auf. Pulvriger Türkis wird durch Kunstharz gehärtet, weiße Minerale werden türkisfarben gefärbt. Im geschliffenen Zustand sind diese Fälschungen unschwer erkennbar.

Farbe
farblos, rosa, rot, gelb, blau, braun, schwarz, grün
Strichfarbe
weiß
Glanz
Metallglanz bis Diamantglanz
Spaltbarkeit
meist nicht sichtbar
Bruch uneben
Tenazität spröde
Kristallform
tetragonal

Anatas TiO_2

Härte 5½–6 Dichte 3,8–3,9

Anatas bildet spitze bis flache Bipyramiden und tafelige Kristalle, die oft horizontal gestreift sind.
Vorkommen In alpinen Klüften aufgewachsen, eingewachsen in Tonen, Sandsteinen.
Ähnliche Mineralien Magnetit und Hämatit haben einen schwarzen bzw. roten Strich, Brookit besitzt eine andere Kristallform, Scheelit fluoresziert intensiv beim Bestrahlen mit ultraviolettem Licht.

Farbe
braun, grünlich bis schwärzlich, meist durchscheinend
Strichfarbe
hellbräunlich bis Weiß
Glanz
Diamantglanz
Spaltbarkeit
undeutlich
Bruch uneben
Tenazität spröde
Kristallform
orthorhombisch

Brookit Arkansit TiO_2

Härte 5½–6 Dichte 4,1

Brookit bildet dünntafelige Kristalle, längs gestreift, oft mit dunkler Sanduhrzeichnung, selten scheinbar hexagonale Dipyramiden. Die Kristalle sind fast immer aufgewachsen.
Vorkommen Auf alpinen Klüften, in Hohlräumen von Alkaligesteinen.
Ähnliche Mineralien Hämatit hat einen anderen Strich, Anatas ist immer deutlich tetragonal, die dünntafeligen Kristalle mit Sanduhrzeichnung sind unverwechselbar.

Farbe
farblos, weiß
Strichfarbe
weiß
Glanz
Glasglanz
Spaltbarkeit
keine
Bruch
uneben
Tenazität
spröde
Kristallform
tetragonal

Leucit $KAlSi_2O_6$

Härte 5½–6 Dichte 2,5

Leucit-Kristalle sind pseudokubisch. Am häufigsten sind Deltoidikositetraeder. Sie sind fast immer eingewachsen, manchmal in Feldspat oder Tonminerale unter Beibehaltung der Kristallform umgewandelt. Begleitmineralien sind Augit, Biotit.
Vorkommen In vulkanischen Gesteinen, Basalten, Tephriten, Leucititen.
Ähnliche Mineralien Feldspat zeigt im Gegensatz zu Leucit eine vollkommene Spaltbarkeit.

Farbe
farblos, weiß, gelb, braun, fleischrot, grün
Strichfarbe
weiß
Glanz
Glasglanz
Spaltbarkeit
vollkommen
Bruch
muschelig
Tenazität
spröde
Kristallform
monoklin (Sanidin und Orthoklas) und triklin (mikroklin)

Feldspat

$(K,Na,Ca)[Al(Si,Al)Si_2O_8]$

Härte 6 Dichte 2,53–2,56

Die Feldspäte sind eine der wichtigsten Gruppen gesteinsbildender Minerale. Sie bilden tafelige, ein- und aufgewachsene Kristalle in fast allen magmatischen und metamorphen Gesteinen.

Vorkommen Gesteinsbildend in Graniten, Syeniten, Trachyten, Rhyolithen, Gneisen, Arkosen, Grauwacken, Pegmatiten (grüner Amazonit, s.u.), aufgewachsene Kristalle auf alpinen Klüften und als Gangart in hydrothermalen Gängen. In siliciumreichen Gesteinen wie etwa Granit finden sich kalium- und natriumreiche Feldspäte (Orthoklas, Mikroklin), in siliciumarmen Gesteinen wie Basalten finden sich calciumreiche Feldspäte (Plagioklase).

Ähnliche Mineralien Quarz zeigt keine Spaltbarkeit, Calcit ist viel weicher.

Farbe
farblos, durchsichtig (Hyalit), weißlich, bläulich mit Farbenspiel (Edelopal), rot bis orange, durchscheinend (Feueropal), grün, rot, braun, gelb, undurchsichtig (gemeiner Opal)
Strichfarbe
weiß
Glanz
Wachs- bis Glasglanz
Spaltbarkeit
keine
Bruch muschelig
Tenazität spröde
Kristallform
amorph

Opal

$SiO_2 \cdot n\,H_2O$

Härte 5–6½ Dichte 1,9–2,2

Opal bildet keine Kristalle, er ist amorph, derb eingewachsen, als Füllung von Drusen und bildet nierige, kugelige, tropfenförmige Aggregate. Die verschiedenen Varietäten, besonders der in allen Farben schillernde Edelopal, werden als Edelstein zu Schmuck verarbeitet.

Vorkommen In Hohlräumen vulkanischer Gesteine, in Sedimenten auf Höhe des Grundwasserspiegels, als Absatz heißer Quellen (Geysirit).

Ähnliche Mineralien Chalcedon kann ähnlich ausgebildet sein wie gemeiner Opal und ist dann mit einfachen Mitteln nicht zu unterscheiden. Edelopal unterscheidet sich immer durch sein Farbenspiel, Feueropal ist immer durchsichtiger als Karneol.

Farbe
rot, manchmal mit Stich ins Blaue, rotbraun, braun, grün, gelb, orange, weiß, schwarz
Strichfarbe
weiß
Glanz
Glasglanz
Spaltbarkeit
keine
Bruch
muschelig
Tenazität
spröde
Kristallform
kubisch

Granat

$(Fe,Mg,Ca)_3(Al,Fe)_2[SiO_4]_3$

Härte 6½–7½ Dichte 4,32

Der Name Granat bezeichnet eine Gruppe von Mineralien, die häufig zu Schmuck verarbeitet werden. Sie bilden Rhombendodekaeder und Deltoidikositetraeder, die oft eingewachsen, seltener aufgewachsen sind. Wichtige Granate sind Almandin (Fe-Al-Granat), Pyrop (Mg-Al-Granat), Andradit (Ca-Fe-Granat), Grossular (Ca-Al-Granat) und Spessartin (Mn-Al-Granat).
Vorkommen In Glimmerschiefern (hier besonders schöne und große Almandine), Gneisen, Granuliten, seltener in Pegmatiten, auch in Kalksilikatgesteinen (hier besonders Grossular) und in Erzlagerstätten.
Ähnliche Mineralien Die Kristallform ist immer charakteristisch. Turmalin und Vesuvian sind immer mehr prismatisch geformt.

Farbe
gelblich grün bis flaschengrün, rot, bräunlich
Strichfarbe
weiß
Glanz
Glasglanz, etwas fettig
Spaltbarkeit
kaum erkennbar
Bruch
muschelig
Tenazität
spröde
Kristallform
orthorhombisch

Olivin Peridot

$(Mg,Fe)_2[SiO_4]$

Härte 6½–7 Dichte 3,27–4,20

Olivine sind Mischkristalle mit den beiden Endgliedern Forsterit $Mg_2[SiO_4]$ und Fayalit $Fe_2[SiO_4]$. Aufgewachsene Kristalle sind dicktafelig bis prismatisch, meist ist Olivin aber körnig, derb, eingewachsen. Unter dem Namen Peridot oder Chrysolith wird Olivin als Edelstein verschliffen.

Vorkommen Gesteinsbildend eingewachsen in Gabbros, Diabasen, Basalten, Peridotiten, bildet monomineralisch das Gestein Dunit, aufgewachsene Kristalle auf Klüften der genannten Gesteine, Kristalle und Körner in kristallinen Kalken, in Meteoriten (besonders schön in Pallasiten).

Ähnliche Mineralien Apatit ist weicher, Beryll ist härter und hat immer einen sechsseitigen Querschnitt.

Farbe
rot- bis schwarzbraun
Strichfarbe
weiß
Glanz
Glasglanz
Spaltbarkeit
kaum sichtbar
Bruch
muschelig
Tenazität
spröde
Kristallform
monoklin

Staurolith

$(Fe,Mg,Zn)_2Al_9[O_6/(OH)_2/(SiO_4)_4]$

Härte 7–7½ Dichte 3,7–3,8

Staurolith bildet prismatische bis tafelige Kristalle, oft kreuzförmige Zwillinge (rechtwinklig oder mit etwa 60° verwachsen), er ist immer eingewachsen. Wegen dieser kreuzförmigen Zwillinge wird Staurolith auch Kreuzstein genannt und gern von Pilgern als Andenken getragen. Begleitmineralien sind Quarz, Glimmer und Disthen.

Vorkommen In Glimmerschiefern und Gneisen eingewachsen.

Ähnliche Mineralien Turmalin zeigt immer deutlich eine trigonale Symmetrie und bildet keine kreuzförmigen Zwillinge, Disthen ist nie dunkelbraun, Granat zeigt eine deutlich kubische Kristallform, Andalusit hat im Gegensatz zu Staurolith einen fast quadratischen Querschnitt.

Farbe
farblos oder vielfältig gefärbt (siehe Varietäten)
Strichfarbe
weiß
Glanz
Glasglanz bis Fettglanz
Spaltbarkeit
keine
Bruch
muschelig
Tenazität
spröde
Kristallform
trigonal (Tiefquarz), der über 573 °C gebildete Hochquarz ist hexagonal

Quarz

SiO_2

Härte 7 Dichte 2,65

Quarz bildet sechsseitig-prismatische Kristalle von unterschiedlicher Farbe. Häufigere Varietäten, die auch zu Schmuck verarbeitet werden: Bergkristall: farblos, klar, durchsichtig. Rauchquarz: rauchig braun bis tiefschwarz (Morion). Amethyst: violett. Citrin: blassgelb, gelb. Rosenquarz: rosa; selten Kristalle.
Vorkommen Als Bestandteil von Tiefengesteinen, vulkanischen Gesteinen, von Sedimentgesteinen und metamorphen Gesteinen. Schöne Kristalle auf Drusen in Pegmatiten, in pneumatolytischen Gängen, in Erzgängen, auf alpinen Klüften, in Hohlräumen von Marmor, eingewachsen in Sedimentgesteinen.
Ähnliche Mineralien Härte und Säurebeständigkeit unterscheiden Quarz von ähnlichen Mineralien.

Farbe
farblos oder vielfältig gefärbt, häufig gestreift oder mehrfarbig gebändert
Strichfarbe
weiß
Glanz
Glasglanz bis Fettglanz
Spaltbarkeit
keine
Bruch
muschelig bis uneben
Tenazität
spröde
Kristallform
trigonal

Achat

SiO_2

Härte 7 Dichte 2,65

Achat ist mikrokristalliner Quarz und bildet daher keine sichtbaren Kristalle, sondern nur nierige Aggregate, Ausfüllungen von Hohlräumen, stalaktitische Bildungen. Die verschiedenen Achate werden nach den Bildern benannt, die sie beim Durchschneiden der Knollen zeigen. So gibt es z. B. Band-, Kreis- und Festungsachate, aber auch Trümmerachate oder Landschaftsachate, die alle zu Schmuck verarbeitet werden. **Vorkommen** In hydrothermalen Gängen, in versteinerten Hölzern, am häufigsten in Hohlräumen vulkanischer Gesteine. Die schönsten und berühmtesten Achate in Deutschland stammen aus dem Gebiet von Idar-Oberstein. **Ähnliche Mineralien** Form und Farbgestaltung sind unverwechselbar.

Farbe
farblos oder vielfältig gefärbt (siehe Varietäten)
Strichfarbe
weiß
Glanz
Glasglanz bis Fettglanz
Spaltbarkeit
keine
Bruch
muschelig bis uneben
Tenazität
spröde
Kristallform
trigonal

Chalcedon

SiO_2

Härte 7 Dichte 2,65

Chalcedon ist mikrokristalliner Quarz und bildet nur nierige Aggregate, Ausfüllungen von Hohlräumen, stalaktitische Bildungen. Viele Varietäten werden zu Schmuck verarbeitet: Chalcedon im engeren Sinn ist farblos, weiß, grau, blau, einfarbig und gestreift. Karneol ist rot bis rotbraun durchscheinend, grün. Chrysopras ist grün durch Einschlüsse von Nickelmineralien. Onyx hat nur abwechselnde schwarze und weiße Lagen. Flint (Feuerstein) besteht aus grau bis braun gefärbten Knollen in Sedimentgesteinen. Heliotrop ist grün mit roten Tupfen. **Vorkommen** In hydrothermalen Gängen, in Hohlräumen von vulkanischen Gesteinen, als Lagen und Knollen in Sedimentgesteinen. **Ähnliche Mineralien** Fluorit und Kalkspat sind deutlich weicher, Achat ist gebändert oder besitzt eine auffallende Zeichnung.

Farbe
farblos, rosa (Rubellit), grün (Verdelith), blau (Indigolith), gelb, braun, schwarz, durchsichtig bis undurchsichtig
Strichfarbe
weiß
Glanz
Glasglanz
Spaltbarkeit
keine
Bruch
muschelig
Tenazität
spröde
Kristallform
trigonal

Turmalin

z. B. Elbait $Na(Li,Al)_3Al_6[(OH)_4/(BO_3)_3/Si_6O_{18}]$
Härte 7 Dichte 3,0–3,25

Die Turmaline sind eine Gruppe von eng miteinander verwandten Bor-führenden Silikatmineralien. Wichtigste Mischglieder sind der schwarze eisenhaltige Schörl und der vielfarbige Lithium-Turmalin Elbait. Turmalin-Kristalle sind prismatisch bis nadelig, meist mit dreiseitigem Querschnitt, ein- und aufgewachsen. Die verschiedenen Farbvarietäten werden als Edelsteine verarbeitet.
Vorkommen In Graniten, Pegmatiten, pneumatolytischen Gängen, hydrothermalen Gängen ein- und aufgewachsen.
Ähnliche Mineralien Der meist deutlich dreiseitige Querschnitt unterscheidet Turmalin von allen anderen Mineralien.

Farbe
farblos, weiß, rosa, gelb, grün, blau, braun, braunrot
Strichfarbe
weiß
Glanz
diamantartiger Glanz, auf Bruchflächen Fettglanz
Spaltbarkeit
kaum bemerkbar
Bruch
muschelig
Tenazität
spröde
Kristallform
tetragonal

Zirkon

$Zr[SiO_4]$

Härte 7½ Dichte 4,55–4,67

Zirkon bildet prismatische bis bipyramidale Kristalle, auf-, häufiger eingewachsen, er ist praktisch nie derb, tritt immer in Kristallen auf. Durchsichtige Varietäten werden zu Schmuck verarbeitet.

Vorkommen In Graniten, Syeniten, Rhyolithen, Trachyten, vulkanischen Auswürflingen, in Seifen, Pegmatiten, auf alpinen Klüften. Besonders schöne rosafarbene Zirkonkristalle werden in vulkanischen Auswürflingen des Laacher Sees in der Eifel gefunden.

Ähnliche Mineralien Granat ist immer deutlich kubisch, Turmalin hat immer einen sechs- oder dreiseitigen Querschnitt im Gegensatz zum vierseitigen des Zirkons.

Farbe
verschiedene Grautöne, gelblich, rötlich, grün, braun, manchmal auch mehrfarbig
Strichfarbe
weiß
Glanz
Glasglanz, aber meist getrübt
Spaltbarkeit
meist undeutlich
Bruch
uneben
Tenazität
spröde
Kristallform
orthorhombisch

Andalusit Chiastolith

$Al_2[O/SiO_4]$

Härte 7½ Dichte 3,1–3,2

Andalusit bildet dicksäulige Kristalle mit fast quadratischem Querschnitt, radialstrahlige Aggregate, fast immer eingewachsen. Manche Andalusite werden Chiastolith genannt, weil sie im Querschnitt eine kreuzförmige Zeichnung zeigen, die dem griechischen Buchstaben Chi ähnelt. Sie werden gern zu religiösem Schmuck verarbeitet, da sie ein natürliches Kreuzzeichen tragen.

Vorkommen Eingewachsen in Gneisen und Glimmerschiefern, in Quarzknauern von metamorphen Gesteinen, in Tonschiefern und Pegmatiten.

Ähnliche Mineralien Turmalin hat eine andere Kristallform mit drei- oder sechsseitigem Querschnitt, Hornblende, Augit und Aktinolith haben eine andere Spaltbarkeit.

Farbe
farblos, gelb, rosa, rot, blau, grün
Strichfarbe
weiß
Glanz
Glasglanz
Spaltbarkeit
nach der Basis manchmal erkennbar
Bruch
muschelig bis uneben
Tenazität
spröde
Kristallform
hexagonal

Beryll

$Al_2Be_3[Si_6O_{18}]$

Härte 7½–8 Dichte 2,63–2,80

Beryll bildet sechsseitige Prismen, die mehrere Meter groß werden können, seltener tafelige Kristalle. Die verschiedenen Farbvarietäten sind wertvolle Edelsteine: Smaragd (grün), Aquamarin (blau), Morganit (rosa bis rot), Heliodor, Goldberyll (gelb).
Vorkommen In Pegmatiten eingewachsen, in Drusen von Pegmatiten aufgewachsen, in Glimmerschiefern und hydrothermalen Kalkspatgängen.
Ähnliche Mineralien Apatit ist viel weicher, Quarz bildet kaum eingewachsene Kristalle und ist fast nie blau oder grün. Dioptas hat immer dreiseitige Endflächen und ist deutlich weicher, Topas hat eine hervorragende Spaltbarkeit und deutlich orthorhombische Kristalle.

Topas

$Al_2[F_2/SiO_4]$

Härte 8 Dichte 3,5–3,6

Farbe
farblos, weiß, gelb, blau, grün, rot, rosa, violett, braun
Strichfarbe
weiß
Glanz
Glasglanz
Spaltbarkeit
vollkommen nach der Basis
Bruch
muschelig
Tenazität
spröde
Kristallform
orthorhombisch

Topas-Kristalle sind kurz- oder langsäulig, auf- und eingewachsen. Es gibt Riesenkristalle bis viele Hundert Kilogramm Gewicht. Daneben ist Topas auch derb eingewachsen und bildet strahlige Aggregate (Pyknit). Begleitmineralien sind Zinnstein, Fluorit, Turmalin, Quarz, Feldspat, Glimmer, Beryll.
Vorkommen In Pegmatiten ein- und aufgewachsene Kristalle, in pneumatolytischen Bildungen und in siliciumreichen vulkanischen Gesteinen in Hohlräumen aufgewachsen und in strahligen Aggregaten und abgerollt auf Seifen.
Ähnliche Mineralien Quarz ist leichter und hat keine Spaltbarkeit, Fluorit ist viel weicher, Beryll hat eine ganz andere Kristallform und keine so gute Spaltbarkeit.

Spinell

$MgAl_2O_4$

Härte 8–9 Dichte 3,6

Farbe
rot, violett, blau, schwarz, gelb, farblos
Strichfarbe
weiß
Glanz
Glasglanz
Spaltbarkeit
kaum erkennbar
Bruch
muschelig
Tenazität
spröde
Kristallform
kubisch

Spinell bildet hauptsächlich Oktaeder-Kristalle, Zwillinge, meist eingewachsen in Marmor, seltener aufgewachsen. Die verschiedenen Farbvarianten werden als Edelstein verschliffen. Begleitmineralien sind Graphit, Olivin, Kalkspat.
Vorkommen Eingewachsen in metamorphen Gesteinen, besonders in Marmoren und Kalksilikatgesteinen und als abgerollte Körner in Seifen.
Ähnliche Mineralien Korund hat eine andere Kristallform, Diamant ist deutlich härter. Granat-Kristalle sind viel weicher und bilden fast nie Oktaeder. Flussspat ist viel weicher und hat eine hervorragende Spaltbarkeit. Korund ist härter und zeigt andere Kristallformen.

Korund

Al_2O_3

Härte 9 Dichte 3,9–4,1

Farbe
viele Farbvarietäten, manche mit eigenem Namen, z. B. blau (Saphir), rot (Rubin), gelb, orange, grün, braun, violett, weiß, farblos
Strichfarbe
weiß
Glanz
Glasglanz
Spaltbarkeit
schlecht, manchmal Absonderung nach der Basis
Bruch
muschelig
Tenazität
spröde
Kristallform
trigonal

Die Kristalle von Korund sind prismatisch, bipyramidal, tafelig, oft tönnchenförmig, spindelförmig, seltener ist Korund auch derb. Die verschiedenen Farbvarietäten werden als wertvolle Edelsteine verschliffen: rot (Rubin), farblos, rosa, blau (Saphir), gelb, orange (Padparadscha).
Vorkommen Eingewachsen in Pegmatiten, Peridotiten, Amphiboliten, Gneisen, Marmoren, als Fremdeinschluss in vulkanischen Gesteinen, aufgewachsene Kristalle in vulkanischen Auswürflingen, abgerollt in Seifen.
Ähnliche Mineralien Härte und Kristallform unterscheiden Korund von allen anderen Mineralien, Spinell zeigt eine andere (kubische) Kristallform.

Diamant

C

Härte 10 Dichte 3,52

Farbe
farblos, weiß, gelb, braun, rötlich, grünlich, blau, grau, schwarz
Strichfarbe
weiß
Glanz
Diamantglanz
Spaltbarkeit
nach dem Oktaeder vollkommen
Bruch
muschelig
Tenazität
spröde
Kristallform
kubisch

Diamant ist die härteste Substanz, die es auf unserem Planeten gibt. Er tritt fast nur in Kristallen auf. Am häufigsten sind Oktaeder, Rhombendodekaeder, seltener Würfel, oft stark geätzte, gerundete Kristalle, radialstrahlige Aggregate (Bort). Die Kristalle sind immer eingewachsen, nie aufgewachsen. Diamant gilt als wertvollster Edelstein und ist als härteste Substanz überhaupt ein gesuchter Werkstoff als Schleif- und Sägemittel.
Vorkommen In basischen vulkanischen Gesteinen, insbesondere Kimberliten, die sogenannte Pipes bilden, in Eklogiten, herausgewittert in Seifen, wieder verfestigt in Konglomeraten und metamorphen Schiefern.
Ähnliche Mineralien Die hohe Härte unterscheidet Diamant von allen anderen Mineralien.

Register

Die sieben Kristallsysteme

Zu einem Kristallsystem sind alle Kristallformen zusammengefasst, die sich jeweils auf das gleiche Achsenkreuz beziehen lassen.

Kubisch In kubischen Systemen sind alle drei Achsen des Achsenkreuzes gleich lang. Sie schneiden sich im rechten Winkel.

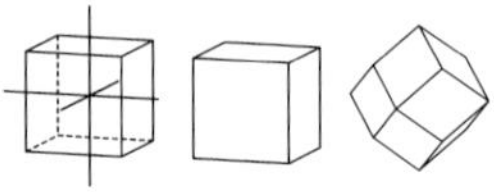

Tetragonal Im tetragonalen System sind zwei Achsen des Achsenkreuzes gleich lang, die dritte ist länger oder kürzer. Alle Achsen schneiden sich im rechten Winkel.

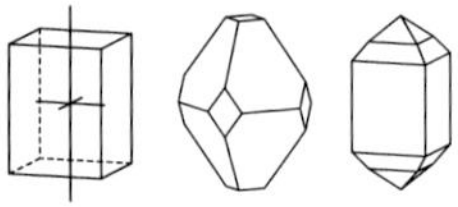

Hexagonal Im hexagonalen System liegen drei gleich lange Achsen in einer Ebene und schneiden sich unter 120°. Die dritte ist eine sechszählige Drehachse und steht senkrecht auf dieser Ebene. Sie ist länger oder kürzer als die anderen Achsen.

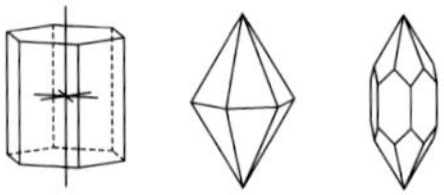

Trigonal Im trigonalen System liegen drei gleich lange Achsen in einer Ebene und schneiden sich unter 120°. Die dritte ist eine dreizählige Drehachse und steht senkrecht auf dieser Ebene. Sie ist länger oder kürzer als die anderen Achsen.

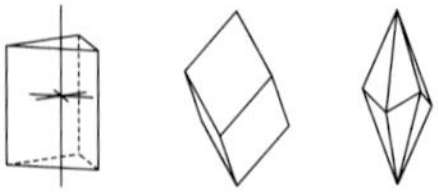

Orthorhombisch Im orthorhombischen System sind alle drei Achsen des Achsenkreuzes verschieden lang. Sie schneiden sich im rechten Winkel.

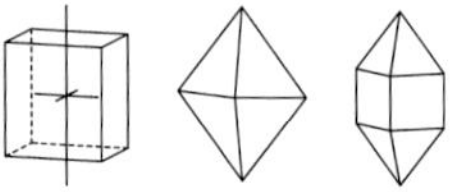

Monoklin Im monoklinen System sind alle drei Achsen des Achsenkreuzes verschieden lang. Zwei von ihnen schneiden sich im rechten Winkel, der Winkel der dritten Achse zu diesen ist schief.

Triklin Im triklinen System sind alle drei Achsen des Achsenkreuzes verschieden lang. Die Winkel zwischen ihnen sind alle schief.

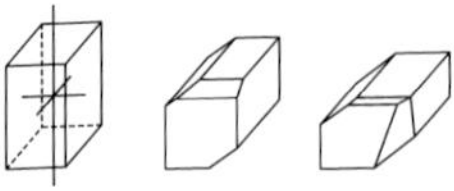

Aggregat Verwachsung mehrerer Kristallindividuen. Es kann z. B. strahlig, faserig, kugelig oder nierig sein.

Amorph Nicht kristallin, Mineralien, die keine Kristallstruktur aufweisen, zum Beispiel Opal

Anlauffarben Farben, die durch die Bildung dünnster Oxidationshäutchen auf Mineralien, besonders Sulfiden, entstehen

Begleitmineralien Mineralien, die immer wieder mit dem beschriebenen Mineral gemeinsam auftreten

Derb Mineralstücke, die nicht von Kristallflächen, sondern von unregelmäßigen Bruchflächen begrenzt sind, sind derb.

Druse Ein mehr oder weniger runder Hohlraum im Gestein, in dem Kristalle wachsen

Durchkreuzungszwilling Zwilling, bei dem die beiden Kristallindividuen kreuzförmig verwachsen sind

Erz Mineral oder Mineralgemenge, das zur Gewinnung von Metallen oder auch anderen Elementen dient

Erzlagerstätten Lagerstätten, die ein Erz in abbauwürdigen Mengen enthalten

Gang Ausfüllung einer Spalte im Gestein mit Mineralien, die jünger sind als das umgebende Gestein

Gangarten Mineralien, die die Erzmineralien in einem Erzgang begleiten, z. B. Quarz, Kalkspat, Schwerspat

Gediegen Ein Metall, das in elementarer Form in der Natur auftritt, z. B. Gold, Silber, Kupfer, Platin

Imprägnation Füllung kleinster Hohlräume im Gestein durch eine später gebildete Mineralart (z. B. durch ein Erz)

Kluft Hohlräume oder Spalten im Gestein, die aufgrund von Spannungszuständen entstanden sind.

Konkretion Eine knollenförmige mehr oder weniger kugelförmige Mineralanreicherung in einem Sedimentgestein

Lagerstätte Anreicherung von Mineralien an einer bestimmten Stelle unseres Planeten

Mischkristalle Kristalle, die zwei oder mehrere Elemente in variablen Mengenverhältnissen enthalten, wobei jeweils ein Element das andere ersetzt

Oxidationszone Bereich einer Lagerstätte, der dem Einfluss der Verwitterung ausgesetzt ist

Paragenese Durch die Entstehungsbedingungen bedingtes typisches Zusammenvorkommen von Mineralien

Pneumatolytische Bildungen Mineralien, die aus der Gasphase entstanden sind

Pyroxene Gruppe von Silikatmineralien mit dem typischen Spaltwinkel von etwa 90°

Radioaktiv Ein Mineral ist radioaktiv, wenn es Alpha-, Beta- oder Gamma-Strahlen aussendet.

Salzsäure-Probe (HCl-Probe) Das zu prüfende Mineral wird mit einem Tropfen kalter, verdünnter Salzsäure benetzt.

Seife Anreicherung schwerer, verwitterungsbeständiger Mineralien, je nach Ort und Mechanismus der Anreicherung gibt es Fluss-, Meeres-, Strand- oder Brandungsseifen.

Varietäten Exemplare eines Minerals, die sich durch besondere Eigenschaften (Farbe, Aggregatform etc.) unterscheiden

Zementationszone In einer Lagerstätte der Bereich des Grundwasserspiegels, in dem bestimmte Elemente angereichert werden

Zwillinge Gesetzmäßige Verwachsung zweier Kristalle der gleichen Mineralart. Es gibt auch Drillinge, Vierlinge, Fünflinge etc.

Edelsteine

Diamant (S. 88) ist der wertvollste Edelstein. Geschliffene Steine funkeln dank der hohen Lichtbrechung besonders stark. Man nennt dies »das Feuer des Diamanten«.

Rubin (S. 88) ist die rote Farbvarietät des Minerals Korund. Er tritt in vielen verschiedenen Farbtönen auf, die wertvollste Farbe nennt man Taubenblutrot.

Saphir (S. 88) ist die blaue Farbvarietät des Minerals Korund. Die besten Saphire findet man in Kaschmir im Himalaya. Sie sind viel seltener als etwa Diamanten.

Smaragd (S. 84) ist ein durch geringe Chromgehalte grün gefärbter Beryll. Er ist nie lupenrein und hat immer Einschlüsse, die man »Jardin« (Garten) nennt.

Aquamarin (S. 84) hat seinen Namen vom Blau des Meerwassers, dessen Farbe seine besten Exemplare ähneln. Mineralogisch ist er, wie der Smaragd, ein Beryll.

Topas (S. 86) gibt es in vielen Farben. Als Schmuck verwendet man meist blaue Topase, die fast immer behandelt sind. Im Naturzustand waren sie farblos.

Amethyst (S. 76) ist die violette Variante des Quarzes und daher verwandt mit Bergkristall, Rauchquarz und Rosenquarz.

Edelopal (S. 70) zeichnet sich durch sein bunt schillerndes Farbenspiel auf weißem, farblosem oder dunklem Hintergrund aus.

Mit 133 Farbfotos. Alle Fotos von **Rupert Hochleitner,** außer **Christian Rewitzer** (16).
Mit 21 Illustrationen von **Rupert Hochleitner.**

Umschlaggestaltung von eStudio Calamar unter Verwendung von 3 Farbfotos: Korund (Vorderseite) von Rupert Hochleitner. Rückseite: Pyrit (links) und Achat (rechts), beide von Rupert Hochleitner.
Das Foto auf Seite 8/9 zeigt einen Beryll (Hochleitner).

Unser gesamtes lieferbares Programm und viele weitere Informationen zu unseren Büchern, Spielen, Experimentierkästen, DVDs, Autoren und Aktivitäten finden Sie unter **kosmos.de**

FSC www.fsc.org
MIX
Papier aus verantwortungsvollen Quellen
FSC® C015829

Gedruckt auf chlorfrei gebleichtem Papier

ISBN: 978-3-440-13384-2
Projektleitung: Antje Albrecht
Lektorat, Satz, Bildauswahl: Barbara Kiesewetter, München
Produktion: Markus Schärtlein
Printed in Italy/Imprimé en Italie